室内风格与软装方案大全 | 轻奢

理想·宅 编

中国电力出版社
CHINA ELECTRIC POWER PRESS

内 容 提 要

本书包含广受业主喜爱的欧式轻奢风格、美式轻奢风格、法式轻奢风格、现代轻奢风格 4 种轻奢装饰风格。书中分析了风格设计要素，运用海量的图片帮助读者真正了解风格特点，并能作为灵感来源和参考资料；采用软装拉线的方式辅助讲解，风格要素一目了然，风格特点一看就懂，帮助读者解决疑难点问题。

图书在版编目（CIP）数据

室内风格与软装方案大全 . 轻奢 / 理想·宅编 . — 北京：
中国电力出版社，2020.7
 ISBN 978-7-5198-4630-5

Ⅰ . ①室… Ⅱ . ①理… Ⅲ . ①住宅 – 室内装饰设计 – 图集
Ⅳ . ① TU241-64

 中国版本图书馆 CIP 数据核字（2020）第 074196 号

出版发行：中国电力出版社
地　　址：北京市东城区北京站西街 19 号（邮政编码 100005）
网　　址：http://www.cepp.sgcc.com.cn
责任编辑：曹　巍（010 – 63412609）
责任校对：黄　蓓　郝军燕
责任印制：杨晓东

印　　刷：北京博海升彩色印刷有限公司
版　　次：2020 年 7 月第一版
印　　次：2020 年 7 月第一次印刷
开　　本：889 毫米 × 1194 毫米　16 开本
印　　张：9
字　　数：271 千字
定　　价：58.00 元

目录
contents

欧式轻奢风格　　001

风格塑造既要延续传统，又要有所创新　　002

配色力求呈现开放、宽容的气度　　006

反射效果的材质可令空间更加明亮、通透　　010

选择华丽质感且避免硬质的布艺材料　　014

家具款式精美，材质、色彩更为开放　　018

灯具选择应进行区分　　022

成对出现的灯具令空间整洁、有序　　026

装饰品既要精致，又要体现历史文脉　　030

美式轻奢风格　　033

风格塑造要将自然感与现代感巧妙融合　　034

配色更适合淡雅色调，自然色常用于点缀　　038

利用大量木材体现自然感，同时点缀现代材质　　042

布艺织物追求天然感依然是其本质特征　　046

自然感的布艺材质与图案可充分凸显风格特征　　050

线条简化的复古家具符合当代人的生活理念　　054

灯具的材质与造型应体现优雅与轻奢　　058

线条简洁的壁炉凸显经典美式设计　　062

无处不在的鸟类装饰元素彰显自然、灵动气息　　066

法式轻奢风格　　069

繁复、精美的设计使空间具有轻奢气息　　070

纤细娇媚的配色演绎柔和唯美的气息　　074

无色系搭配体现出现代时尚的轻奢环境　　078

精美的饰面板设计，表达追求极致美感的诉求　　082

线条丰富的装饰线充分凸显出空间层次感　　086

布艺织物可为空间增添高雅、富丽之美　　090

家具造型优雅，用料精益求精　　094

镀金工艺的灯具为空间营造浪漫美感　　098

带有精美花纹的装饰品大幅提升空间质感　　102

现代轻奢风格　　105

具有大都会既视感的空间特征　　106

配色冷静、深沉，极少出现对比色　　110

装饰材料力求凸显空间的理性基调　　114

利用抱枕色彩和材质，改变沙发的刻板印象　　118

线条简洁的金属家具诠释简约与奢华并存的理念　　122

大理石家具可营造出冷静的空间氛围　　126

新型材质家具给人一种前卫、时尚感　　130

镀金漆灯具体现低调与奢华并存的视觉感　　134

工艺品的选用力求挣脱束缚，体现创新　　138

家 具

一般会选择简洁的造型，弱化了古典气质，增添了现代情怀，充分将时尚与典雅并存于家居生活空间。

线条简化的复古家具、铁艺家具、雕花精美的曲线家具、软包床头

材 料

充分利用现代工艺，欧式风格中的铁制品给人的印象非常深刻，通常选择金属色，传达出一种复古、怀旧的风情。

玻璃、铁艺、石材、瓷砖、陶艺制品、欧式花纹壁纸

配 色

色彩设计高雅而唯美，多以淡雅的色彩为主，其中以浅色为主、深色为辅的搭配方式最常用。

白色＋金属色、白色＋黑色、白色＋浅色点缀、淡蓝／绿色系、淡蓝色＋大地色系、米黄色系＋淡暖色

装 饰

讲求艺术化、精致感，如金边欧风茶具、金银箔器皿、玻璃饰品等都是很好的点缀物品。

天鹅饰品、油画作品、欧式茶具、星芒装饰镜、流苏窗帘、成对出现的壁灯／台灯、石膏雕像

形状图案

线条代替复杂的花纹，如墙面、顶面采用简洁的装饰线条构建层次。软装则加入大面积欧式花纹、大马士革图案等为空间增添欧式风情。

装饰线、波状线条、欧式花纹、对称布局、雕花

风格塑造既要延续传统，又要有所创新

欧式轻奢风格是经过改良的古典主义风格，高雅、和谐是其代名词。在空间结构上，将拱形门、罗马柱等经典的欧式元素简化之后，运用到空间的设计中；而在风格的塑造上，既保留了传统材质和色彩的大致风格，又摒弃了过于复杂的肌理和装饰。因此，欧式轻奢风格从整体到局部都给人既典雅又现代的印象。

水晶吊灯　　　石膏雕像

壁炉　　　　欧式烛台吊灯　　　欧式雕花曲线沙发　　　大花图案地毯

水晶吊灯　　线条简化的复古家具

线条简化的复古家具　铁艺枝灯

雕花精美的曲线家具　　成对出现的台灯　　成对出现的台灯　　烛台

壁炉　　欧风工艺品

线条简化的复古家具　水晶吊灯　　几何图案地毯　壁炉

水晶吊灯　　油画装饰画　　金属框装饰画　　曲线家具

欧式花艺　　绒布贝壳椅

欧式烛台吊灯　　欧式雕花家具

雕花精美的曲线家具　　欧式烛台吊灯

星芒装饰镜　　绒布高背椅

线条简化的复古家具　　欧式烛台吊灯

欧式烛台吊灯　　绒布贝壳椅

欧式花艺　　华丽织锦窗帘

成对出现的台灯

水晶吊灯　　欧式花艺

欧风工艺品　曲线家具

软包床头　　欧风工艺品

水晶台灯　水晶吊灯

金属框装饰画

石膏雕像　皮革高背椅

配色力求呈现开放、宽容的气度

欧式轻奢风格将现代材料及工艺与欧式古典风格提炼结合，仍然具有传统的浪漫、休闲、华丽、大气的氛围，但比传统欧式更清新、内敛，也更符合中国人的审美观念。其色彩设计高雅而唯美，多以淡雅的色彩为主，白色、象牙白、米黄色、淡蓝色等是比较常见的主色，以浅色为主、深色为辅的搭配方式最常用。

水晶吊灯　欧式茶具

雕花精美的曲线家具　水晶吊灯

水晶吊灯　雕花精美的曲线家具

抽象油画　线条简化的复古家具

铁艺枝形灯　缎面高背椅

欧式烛台吊灯　线条简化的复古家具

雕花精美的曲线家具　　　水晶吊灯

成对出现的台灯　　　　　精美的曲线家具　　　欧式花艺　　　线条简化的复古家具

金属框装饰画　　成对出现的台灯　　　　　水晶吊灯　　　　壁炉

绒布高背椅　　　铁艺枝形灯

皮革高背椅

水晶台灯　　　壁炉

水晶吊灯　　　绒布高背椅

雕花精美的曲线家具　　流苏布艺靠枕

成对的台灯　　　软包床头

欧式花艺　　　绒布高背椅

线条简化的复古家具

线条简化的复古家具　线条简化的复古家具　水晶落地灯

线条简化的复古家具　　抽象图案的地毯

水晶落地灯　　　线条简化的复古家具

欧式风格工艺品　欧式花艺

皮革餐椅　　　　　线条简化的复古家具

星芒装饰镜　　　　金属框装饰画

反射效果的材质可令空间更加明亮、通透

　　欧式轻奢风格在材质的运用上更加多样化，水晶、合金材质、镜面技术大量运用到家具和饰品中，营造出一种明亮华丽的居室质感。另外，除了有较强的装饰时代感外，其反射效果能够从视觉上增大空间，令空间更加明亮、通透。

线条简化的复古家具　　　　精美的曲线家具

欧式金属摆件　　　　　　　金属曲线茶几　　　线条简化的复古家具

精美的曲线家具　　　欧式花艺

欧式烛台吊灯　　精美的曲线家具

壁炉　　　　　　　欧式风格工艺品　　　　　　　欧式花艺　金属框装饰画

欧式花艺　　　成对出现的壁灯　　　　　　欧式花艺　雕花精美的曲线家具

星芒装饰镜　　　　　　　　丝绒高背椅　欧式花艺

水晶吊灯　　线条简化的复古家具　　　　欧式罗马帘　　　欧式花纹地毯

水晶吊灯　欧式花艺

油画装饰　高脚水果盘

雕花精美的曲线家具　水晶吊灯

绒布高背椅　　　　水晶吊灯

抽象油画　　雕花精美的曲线家具

水晶吊灯　　成对出现的壁灯

金属框装饰画

欧式风格工艺品　　布艺高背椅

绒布高背椅　欧式花艺

雕花精美的曲线家具　　水晶吊灯

欧式花艺　　成对出现的壁灯

选择华丽质感且避免硬质的布艺材料

欧式轻奢风格中的布艺多为织锦、丝缎、薄纱、天鹅绒等带有华丽质感的材料，同时可镶嵌金银丝、水钻、珠宝等装饰；而像亚麻、帆布这种硬质布艺，则不太适用于欧式轻奢风格的家居。

雕花精美的曲线家具　　金属框装饰画

成对出现的壁灯　　雕花精美的曲线家具

雕花精美的曲线家具　欧式罗马帘

精美的曲线家具　金属框装饰画　　　　水晶吊灯

绒布高背椅 水晶吊灯

壁炉　水晶吊灯

绒布高背椅　水晶吊灯

绒布高背椅　欧式花艺

铁艺枝形灯　皮革餐椅

雕花精美的曲线家具　欧式罗马帘

水晶吊灯　绒布高背椅

欧式罗马帘　皮革餐椅

绒布高背椅

皮革餐椅　　　水晶吊灯

成对烛台　　　欧式罗马帘

欧式罗马帘　绒布贝壳椅

欧式花艺　皮革餐椅

欧式花艺　水晶吊灯

欧式花艺　线条简化的复古家具　　　　雕花精美的曲线家具　　软包床头

软包床头　星芒装饰镜　　　　　　　　欧式罗马帘　水晶吊灯

铁艺枝形灯　曲线家具　　　　　　　　欧式花艺　　　铁艺枝形灯

欧式罗马帘　雕花精美的曲线家具　　　成对出现的台灯　　水晶吊灯

家具款式精美，材质、色彩更为开放

　　欧式轻奢风格在家具的选用上，一定程度沿用了欧式古典风格中造型精美的款式。其中，精雕细琢的雕花家具，可以为空间增添一分华美气息；而优雅的细腿家具则为空间注入了轻盈感。除了传统的木质、金属、皮质家具，欧式轻奢风格中的家具在材质和色彩上均更为开放，不乏现代材质的家具。

雕花精美的曲线家具　　星芒装饰镜

雕花精美的曲线家具　　　　水晶吊灯

线条简化的复古家具 欧式花艺

雕花精美的曲线家具　水晶吊灯

壁炉　　　水晶吊灯

雕花精美的曲线家具　　　成对出现的壁灯

石膏雕像　　　　水晶落地灯　金属框装饰画

欧式雕花高背椅　烛台

欧式花艺　　　　　　　　铁艺枝形灯

线条简化的复古家具　烛台

水晶吊灯　　　　　成对出现的台灯

雕花精美的曲线家具　软包床头

雕花精美的曲线家具　欧式花纹地毯

成对出现的台灯　雕花精美的曲线家具

雕花精美的曲线家具　水晶吊灯

软包床头　线条简化的复古家具

成对出现的壁灯　雕花精美的曲线家具

线条简化的复古家具　软包床头

欧式罗马帘　　线条简化的复古家具

绒布高背椅　　　欧式罗马帘

欧式大花床品　　雕花精美的曲线家具

软包床头　　线条简化的复古家具

皮毛地毯　　精美的曲线家具

雕花精美的曲线家具　　皮毛地毯

灯具选择应进行区分

　　欧式轻奢风格家居中的灯具外形相对欧式古典风格简洁许多，如欧式古典风格中常见的华丽水晶灯，在欧式轻奢风格中出现频率降低，取而代之的是铁艺枝形灯。另外，台灯、落地灯等灯饰常带有羊皮或蕾丝花边的灯罩，以及铁艺或天然石材打磨的基座。

线条简化的复古家具　　铁艺枝形灯

大花图案地毯　线条简化的复古家具

铁艺枝形灯　线条简化的复古家具

水晶吊灯　　　高脚水果盘　　雕花精美的曲线家具　　陶瓷台灯

欧式花纹地毯　雕花精美的曲线家具

欧式罗马帘　　　雕花精美的曲线家具　　　　欧式花纹地毯　　皮革座椅

成对出现的台灯　　　　　烛台

壁炉　　　　铁艺枝形灯　　　　水晶吊灯　　欧风工艺品

绒布高背椅　　　　烛台

绒布高背椅　　　　铁艺枝形灯

欧式金属摆件　　欧式烛台吊灯

绒布高背椅　　欧式烛台吊灯

欧式烛台吊灯　　缎面床品

雕花精美的曲线家具　　欧式花纹地毯

烛台　　绒布高背椅

成对出现的台灯 欧式花艺　　　　　　　　欧式水晶灯　　线条简化的复古家具

软包床头　　　　铁艺枝形灯　　　　　欧风工艺品　　　　　　　成对出现的台灯

软包床头　　　　欧式花纹地毯　　　　　欧式花艺　　　　　　　　欧式花纹地毯

成对出现的灯具令空间整洁、有序

欧式轻奢风格的家居中，室内布局沿用了古典欧式风格的对称手法，以达到平衡、比例和谐的效果。在灯具的选用上，也一定程度上遵循了这一特点，客厅、卧室均常见成对出现的壁灯和台灯，这样的设计可以使室内环境看起来整洁有序。

成对出现的台灯　　金属框装饰画

雕花精美的曲线家具　　壁炉

国际象棋　欧式花艺

线条简化的复古家具　　　大花图案地毯　　　雕花精美的曲线家具

软包床头　星芒装饰镜

缎面靠枕　　　　　大花图案地毯

抽象油画　　　　绒布曲线座椅

壁炉　欧式花艺

高脚水果盘 欧式花艺

成对出现的台灯　　　　曲线家具

软包床头

雕花精美的曲线家具　　缎面床品

软包床头　　线条简化的复古家具

水晶吊灯　　金属框装饰画

软包床头　　欧式花纹地毯

线条简化的复古家具　　成对出现的台灯

成对出现的壁灯　软包床头

欧式罗马帘　　软包床头

星芒装饰镜　壁炉　　　　　　　　　　　　　线条简化的复古家具　成对出现的灯具

装饰镜　壁炉　　　　　　　　　　　　　　雕花精美的曲线家具　欧式花艺

成对出现的壁灯　　　　　　　欧式花艺

线条简化的复古家具　雕花精美的曲线家具　　　成对出现的壁灯　　　　雕花精美的曲线家具

装饰品既要精致，又要体现历史文脉

欧式轻奢风格注重装饰效果，常用古典的陈设品来烘托室内环境气氛。同时，欧式轻奢风格的装饰品讲求艺术化、精致感，如金边欧风茶具、国际象棋等，都是很好的点缀物品。

星芒装饰镜　壁炉

雕花精美的曲线家具　　欧式花艺

高脚水果盘　　欧式茶具

雕花精美的曲线家具　　欧式茶具　　水晶吊灯　　线条简化的复古家具

欧式花艺　　　　　壁炉

欧式花纹地毯　　油画装饰画

欧式花艺　水晶吊灯

雕花精美的曲线家具

金属框装饰画　　　欧式茶具

欧式罗马帘　　　　水晶吊灯

欧式花艺　　　雕花精美的曲线家具

装饰镜　　　水晶吊灯

线条简化的复古家具　　成对出现的灯具

绒布高背椅　　水晶吊灯

欧式花艺　烛台

石膏雕像　　软包床头

欧风工艺品　　金属装饰镜

家 具

虽然线条更加简化、平直，但也常见弧形的家具腿部；少有繁复雕花，线条更加圆润、流畅。

皮沙发、线条简化的木家具、带铆钉的皮沙发、纯色布艺沙发、线条简化的曲线家具

材 料

木材是必不可少的装饰材料，这些材质与美式风格追求天然、纯粹的理念相一致，独特的造型亦可为室内增加一抹亮色。

木材、天然石材、铁艺、金属

配 色

常用旧白色作为主色，将大地色表现在家具和地面中，装饰品的色彩也更为丰富。

旧白色＋木色、浅木色＋绿色、米色＋金属色

装 饰

各种繁复的花卉、盆栽，是其非常重要的装饰元素。装饰品的选用上，相对精致、小巧一些。

动物形态的装饰 、小型装饰绿植、铁艺装饰品、点状型插花、纯铜吊灯、花卉油画、公鸡摆件

形状图案

空间强调简洁、明晰的线条，家具也秉承了这一特点，使空间呈现出干净利落的视觉观感。

平直线条、曲线、花鸟鱼虫

风格塑造要将自然感与现代感巧妙融合

美式轻奢风格属于美式风格的一个分支，具有很强的包容性、自由性与随意性，既保留了传统美式风格对于自然与自由的尊崇，同时又将现代风格中简洁、精炼的理念加以融会贯通，整体风格给人一种轻松、精美的视觉观感。

线条简化的曲线家具

铁艺枝形灯　　　鹿头装饰

线条简化的曲线家具　　　金属台灯

几何图案地毯　　　线条简化的曲线家具　　　金属摇椅

抽象装饰画　　线条简化的曲线家具

自然图案的棉麻抱枕　　纯色布艺抱枕

线条简化的曲线家具　　　　金属茶几

点状形插花　　纯色布艺沙发

精美吊灯　　线条简化的曲线家具

几何图案地毯　　　　金属台灯

金属茶几　　点状形插花

金属茶几　　精美吊灯

铜质吊灯　　　　　　铁艺装饰　　　　　　　　金属餐桌　线条简化的曲线家具

抽象装饰画　　　　黄铜茶几　　　　　　　精美吊灯　点状型插花

线条简化的曲线家具　　　精美吊灯　　　　　　　　　　　　　　　抽象装饰画

精美的曲线家具　　　铁艺枝形灯　　　　　　精美吊灯　线条简化的曲线家具

线条简化的木家具　　点状型插花

精美吊灯　　点状型插花

抽象装饰画　　线条简化的木家具

几何图案地毯　　线条简化的曲线家具

纯色布艺床品　　精美吊灯

线条简化的曲线家具　　铜质吊灯

配色更适合淡雅色调，自然色常用于点缀

　　美式轻奢风格的色彩搭配，整体给人感觉明亮又恬静，空间色彩没有突兀的部分。其配色可以将传统美式风格中常见的绿色系和棕色系作为点缀色使用，体现自然气息；也可以大面积利用现代风格中的无彩色来塑造空间的简洁之感。另外，在软装的色调运用上往往会采用浅色调为主的色彩；而像低彩度的暗浊色调、暗色调的运用比例相对会少一些。

线条简化的木家具　　　纯铜吊灯

金属边几　　　　　　　簇绒地毯

几何图案地毯　　　　　皮沙发

带铆钉的皮沙发　　　　铁艺枝形灯　　　簇绒地毯

丝绒沙发　　　　　　　金属壁灯　　　　线条简化的木家具　　　　　几何图案抱枕

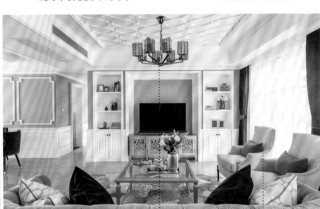

皮沙发　　金属茶几　　　　　　　　　　铁艺吊灯　　　　线条简化的曲线家具

小型装饰绿植　　　　　铜质吊灯　　　　　丝绒餐椅　　　　　　　　　　皮沙发

线条简化的曲线家具 铜质吊灯　　　　　　　几何图案地毯　　　　　　　　皮沙发

精美吊灯　　　　　　　丝绒餐椅

皮革餐椅　铜质吊灯

丝绒餐椅　点状型插花

精美吊灯　点状型插花

线条简化的木家具　精美吊灯

铜质吊灯　　　　　　　皮质餐椅

纯色布艺窗帘　　　　　　　　簇绒地毯

纯色布艺窗帘　　　　　　　　线条简练的高背床

铜质吊灯　　　　　　　　纯色布艺窗帘

线条简化的曲线家具　　　　　纯色布艺抱枕

纯色布艺窗帘　　　　　　　　纯铜台灯

簇绒地毯　　　　　　　　铜质吊灯

带铆钉家具　　　　　　　　铜质吊灯

利用大量木材体现自然感，同时点缀现代材质

美式轻奢风格一般会利用护墙板、墙面木线条等木质材料来体现自然感；同时，也在一定程度上沿用了传统美式风格中常出现的墙面硬包与软包。另外，美式轻奢风格会在细节上小面积使用金属线条、镜面玻璃、大理石等材质来凸显现代感，同时也为空间注入轻奢基调。

线条简化的曲线家具　线条简化的曲线家具

线条简化的曲线家具　　　铜质吊灯

簇绒地毯　　纯色丝绒沙发

纯色布艺窗帘　　　　金属茶几　铜质吊灯　　　　几何图案地毯

点状型插花　　线条简化的曲线家具　　　　　铜质壁灯　　　　　　　　点状型插花

纯色布艺抱枕　　　　　　　　　　铜质壁灯　　　　　棉麻灯罩台灯

纯铜吊灯　　　　　小型装饰绿植

纯色布艺抱枕　　　铜质吊灯　　　　　纯色布艺窗帘　　　　线条简化的曲线家具

直线条双人床　自然图案的棉麻抱枕　　　　　　　　丝绒靠枕　　直线条双人床

直线条双人床　　　　　　　　　　　精美吊灯　　　　金属台灯

精美吊灯　　　线条简化的曲线家具　　　　　精美吊灯　　　　金属台灯

几何图案地毯　　　　点状型插花　　　　皮质床头　　　铁艺枝形灯

纯色布艺抱枕　　铜质吊灯

纯色布艺窗帘　　纯色布艺床品

纯铜相框　　　　　　　　小型装饰绿植

纯色布艺抱枕　　　　簇绒地毯

纯色布艺抱枕　　皮面高背床

皮质床尾凳　　　　纯色布艺抱枕

铜质壁灯　　　　　　　纯色布艺窗帘

铜质台灯　　　　直线条双人床

布艺织物追求天然感依然是其本质特征

美式轻奢风格追求天然感，依然是其本质特征。布艺材质最常见的是棉麻质地，也可以在床品中少量出现丝绒、锦缎等材质。窗帘、床品款式可简洁，也可以带有少量的流苏、褶皱等工艺，而布艺沙发则最好选择圆润扶手的款式，力求营造出美式轻奢风格的舒适、惬意。

精美吊灯 金属茶几

线条简化的曲线家具　　　　　复古座椅

小型装饰绿植　　　线条简化的曲线家具

簇绒地毯　　　　　　抽象装饰画　　　丝绒靠枕　　　　金属书架

点状型插花　　丝绒餐椅

簇绒地毯　　直线条双人床

簇绒地毯　　纯色床品

簇绒地毯　　纯色布艺窗帘

线条简化的曲线家具　　铜质吊灯

直线条双人床　　纯色布艺窗帘

丝绒沙发　　线条简化的曲线家具

线条简化的木家具　　铜质吊灯

几何图案靠枕　　　直线条双人床　　　　　　　铜质吊灯　　　簇绒地毯

直线条软包床头　　　几何图案地毯　　　　　　几何图案靠枕　　小型装饰绿植

几何图案地毯　　　小型装饰绿植　　　　　　　　金属装饰镜

金属台灯　　　线条简化的曲线家具　　　　　铜质吊灯　　几何图案地毯

精美吊灯　　　　　　纯色布艺窗帘

直线条双人床　　　　　纯色布艺窗帘

直线条双人床　　　　线条简化的木家具

直线条双人床　　　精美吊灯

抽象装饰画　　几何图案靠枕

纯铜壁灯　　　　线条简化的曲线家具

线条简化的木家具　　　　纯色布艺窗帘

簇绒地毯　　　　　　　纯色布艺窗帘

自然感的布艺材质与图案可充分凸显风格特征

在美式轻奢风格的家居中，本色的棉麻依然是主流，也常见色彩鲜艳、花朵硕大的装饰图案，并广泛运用到床上用品、沙发、靠垫、地毯等各种布艺用品之中。除此之外，鸟兽虫鱼、水果图案或其他有趣的卡通图案，也会出现在美式轻奢风格的布艺设计中。

金属装饰镜　　自然图案的布艺沙发

自然图案的棉麻抱枕

金属台灯　　　金属摆件

自然图案的棉麻抱枕　　　铜质吊灯　　　简约壁炉　　抽象装饰画

线条简化的曲线家具　　　　铜质壁灯　　　　铜质台灯　　　　线条简化的曲线家具

金属茶几　　　　点状型插花　　　　铜质吊灯　　　　纯色布艺窗帘

金属茶几　　　几何图案地毯

几何图案地毯　　　铜质吊灯　　　　皮质座椅　　　　铜质吊灯

纯色布艺窗帘　　线条简化的曲线家具　　　　簇绒地毯　　线条简化的木家具

自然图案的棉麻抱枕　　簇绒地毯　　　　精美吊灯　　线条简化的曲线家具

金属台灯　　线条简化的曲线家具　　　　装饰镜　　几何图案床品

几何图案靠枕　抽象装饰画　　　　几何图案床品　　线条简化的曲线家具

几何图案床品　　　　　　　　　　鹿头装饰

几何图案地毯　　　　　　　　　丝绒双人床

线条简化的曲线家具　　　　　　铜质落地灯

几何图案靠枕　　　　　　　线条简化的曲线家具

直线条双人床

几何图案床品　　　　　　　　　纯色布艺窗帘

线条简化的曲线家具　　　　铜质吊灯

丝绒床品　　　　　　几何图案地毯

线条简化的复古家具符合当代人的生活理念

美式轻奢风格的家具一般会选择简洁的造型，减少了古典气质，增添了现代情怀，充分将时尚与典雅并存的气息流动于家居生活空间。其家具造型主要强调自然、变化和动感，且常会运用到经典的拉口设计；家具的主要材质依然以布面、皮质、木材为主。

金属茶几　　抽象装饰画

金属茶几　　铁艺枝形灯

几何图案地毯　　铜质吊灯

簇绒地毯　　　　复古摆件　　　　线条简化的曲线家具

金属台灯　　　　几何图案地毯

线条简化的木家具　　金属墙饰

皮座椅　　　　线条简化的高背椅

精美吊灯　　金属茶几

铜质壁灯　　　　带铆钉的皮沙发

线条简化的木家具　金属装饰镜

线条简化的木家具　带铆钉的皮沙发

带铆钉的沙发

带铆钉的绒布餐椅　　点状型插花

线条简化的木家具　　带铆钉的皮餐椅

线条简化的木家具　　几何图案桌旗

小型装饰绿植　　丝绒餐椅

抽象装饰画　　点状型插花

金属台灯　　　皮革床头

描金边实木双人床

纯色布艺窗帘　　　直线条拉扣床头

拉扣床头　自然图案的棉麻抱枕

纯色布艺窗帘　　　直线条拉扣床头

铁艺吊灯　　　纯色缎面床品

线条简化的木家具　　　纯铜吊灯

灯具的材质与造型应体现优雅与轻奢

美式轻奢风格中灯具的支架材质一般为树脂、铁艺、黄铜等，色彩多为黄铜色和黑色；灯罩材质则多为玻璃或棉布。其中，烛台灯减少了美式传统风格的古韵，却不乏优雅身姿，与轻奢感高度吻合，是美式轻奢风格中的常见灯具。

铜质吊灯　　　丝绒高背座椅

铜质吊灯　　　线条简化的曲线家具

铜质吊灯　　几何图案地毯

纯色靠枕　　　　　　　铜质吊灯　　　　　　　线条简化的曲线家具

铁艺枝形灯　　　纯色布艺沙发

铁艺枝形灯　　　纯色布艺沙发

线条简化的木家具　铜质吊灯

铜质吊灯　　　带铆钉的皮沙发

金属装饰　　　皮沙发

点状型插花　纯铜吊灯

线条简化的木家具　　　铜质吊灯

铜质吊灯　　点状型插花

点状型插花　　带铆钉的皮餐椅

线条简化的木家具　纯铜吊灯

金属落地灯　　　装饰镜

线条简化的木家具　　纯铜吊灯

铜质台灯　　　线条简化的实木双人床

纯色布艺双人床　　　铁艺吸顶灯　　　铜质高脚凳　精美吊灯

线条简化的木家具　　　铜质吊灯　　　铜质吊灯　　　纯色双人床

金属台灯　　　铁艺枝形灯　　　纯色拉扣双人床

线条简洁的壁炉凸显经典美式设计

　　美式轻奢风格是一场华贵与极简的碰撞，低调而不张扬。在装饰设计时，既保留了传统美式风格的经典元素，又利用简洁的设计理念使其与现代审美更加吻合。例如，壁炉是美式风格中最为经典、最有辨识度的设计元素，在美式轻奢风格中同样将其保留，仅在造型上选用了简洁线条的款式。

线条简化的曲线家具　　简约线条壁炉

个性装饰镜　　简约线条壁炉

簇绒地毯　　简约线条壁炉

简约线条壁炉　　铜质吊灯

简约线条壁炉　　线条简化的曲线家具

简约线条壁炉　　线条简化的曲线家具

皮沙发　　　　　　　简约线条壁炉 金属装饰镜　　金属边几

线条简化的实木茶几 简约线条壁炉

简约线条壁炉　　　简练线条的沙发

简约线条壁炉　　　带铆钉的布艺沙发

黄铜吊灯　　简练线条的双人床

简约线条壁炉　　　线条简化的曲线家具

纯铜吊灯　　　简约线条壁炉

线条简化的曲线家具 简约线条壁炉

简约线条壁炉　　　几何图案地毯

简约线条壁炉

铜质吊灯　　　简约线条壁炉

精美黄铜壁灯　　　　　皮毛地毯

精美吊灯　简约线条壁炉

金属茶几　简约线条壁炉

皮质沙发　　简约线条壁炉

金属装饰镜　　简约线条壁炉

无处不在的鸟类装饰元素彰显自然、灵动气息

　　鸟类装饰元素在美式轻奢风格中可谓是无处不在，不仅常以小巧、精美的装饰品出现，用以点缀家居角落，增添自然、灵动气息，部分灯具中也会出现鸟类造型，其轻盈的造型更添空间的轻松、温馨之感。此外，鸟类装饰元素在壁纸、布艺中的出现频率均较高。

动物造型摆件　　　　线条简化的曲线家具

鸟类造型装饰　　点状型插花

线条简化的木家具　　鸟类主题装饰画

鸟类造型装饰　　　　线条简化的曲线家具

金属床头柜　　　　　个性吊灯　　　　　动物造型装饰灯具　　　　　金属床头柜

带铆钉的沙发　　自然图案的棉麻抱枕

黄铜茶几　　　金属装饰镜　　　　带铆钉的皮质沙发　　　　　黄铜摆件

线条简化的曲线家具　　金属装饰镜

线条简化的曲线家具　　　　铜质吊灯

动物造型摆件　　　　　金属花器

纯色布艺窗帘　　　　　金属座椅

几何图案床品　　直线条双人床

点状型插花　　精美吊灯

家 具

很多家具表面略带雕花，配合扶手和椅腿的弧形曲度，显得更加优雅。

猫脚家具、描金漆家具 、织锦缎家具、雕花硬木家具、镀金铁艺家具、金漆雕花家具、纤细弯曲的尖腿家具、手绘家具、曲线家具

材 料

以樱桃木、榆木、橡木居多，很多时候还会采用手绘装饰、洗白处理或金漆雕花，尽显艺术感和精致情调；而镀金铁艺则可以彰显出灵动感。

雕花硬木、镀金铁艺材质、厚重的布艺罗马帘

配 色

最常见的手法是用洗白处理，具有华丽感的配色，展现风格特质与风情。主色多见白色、金色、深木色等。

象牙白 + 粉绿、白色 + 粉蓝、白色 + 粉色、金色 + 绿色、金色 + 湖蓝色

装 饰

装饰品多会涂上靓丽的色彩或雕琢精美的花纹。这些经过现代工艺雕琢的工艺品，体现出法式风格的精美质感。

花纹繁复的镜框、欧式花纹铁艺装饰、华丽的水晶吊灯、大幅人物装饰油画、法式挂毯、法式水晶台灯、镀金摆件、人物雕像、镀金灯具、西洋钟、宫廷插花

形状图案

为了接近自然，尽量不使用水平的直线，而是多变的曲线和涡卷形象，物体边和角都可能是不对称的，变化极为丰富，令人眼花缭乱。

多变的曲线、浪漫的自然植物纹样

繁复、精美的设计使空间具有轻奢气息

法式轻奢风格一方面包括简化设计的法式宫廷风格，一方面以现代风格为设计主体，但在细节设计中融入了法式传统风格中繁复又精美的设计手法，使整体空间的设计看起来华丽精巧、变化万千。

华丽的水晶吊灯　描金漆家具

花纹繁复的镜框　　纤细弯曲的尖腿家具

华丽的水晶吊灯　　　　花纹繁复的镜框

华丽的水晶吊灯　　　花纹繁复的镜框

宫廷插花　镀金铁艺家具

帘头华丽的罗马帘　　　金漆雕花家具　　　　　精美雕花壁炉　　　花纹繁复的镜框

纤细弯曲的尖腿家具　　水晶摆件

曲线家具　　　法式挂毯　　　　　　　金漆雕花家具　　水晶烛台吊灯

华丽的水晶吊灯　　曲线家具

水晶烛台吊灯　　猫脚家具

雕花硬木家具　　水晶烛台

金漆雕花家具　　花朵纹样的羊毛地毯

金漆雕花家具　　华丽的水晶吊灯

华丽的水晶吊灯　　雕花硬木家具

帘头华丽的罗马帘　　雕花硬木家具

纤细弯曲的尖腿家具　　　　欧式花纹铁艺装饰

铁艺壁灯　　纤细弯曲的尖腿家具

繁复花纹瓶器　宫廷插花

浮雕装饰　　　　　　宫廷插花

水晶烛台吊灯　　　　曲线家具

镀金装饰线　　　　　　欧式花纹壁纸

纤细娇媚的配色演绎柔和唯美的气息

法式轻奢风格常用明快的色彩营造空间的流畅感，令空间处处充满纤细、娇媚的特色。白色与具有自然特色的鹅黄、粉绿、粉紫、玫红等娇艳的色彩，以及绿色植物一起搭配使用，共同演绎出柔和且具有女性特质的居室氛围。

曲线家具　　　雕花硬木家具

雕花硬木家具

纤细弯曲的尖腿家具　镀金铁艺家具

铁艺家具　　　曲线家具

人物装饰油画　曲线家具

雕花硬木家具　　　曲线家具

纤细弯曲的细腿家具

人物装饰油画

曲线家具　　　华丽的水晶吊灯

带流苏边沙发　　华丽的水晶吊灯

宫廷插花　　法式水晶吊灯

曲线家具　　　　　　　　镀金灯具

水晶烛台吊灯　　　　　　手绘家具

水晶烛台吊灯　　　　　　欧式花纹窗帘

纤细弯曲的尖腿家具　　　华丽的帐幔

人物雕像　　　　　　　　曲线家具

华丽的水晶吊灯　　　　　镀金灯具

镀金铁艺家具　　　　　　欧式花纹窗帘

曲线家具　　　　宫廷插花　　　　　　　　手绘家具　　　　　　镀金边花瓶

雕花硬木家具　　　纤细弯曲的尖腿家具

猫脚家具　　华丽的灯具　　　　　　　　　　　　　　　镀金铁艺家具

无色系搭配体现出现代时尚的轻奢环境

法式轻奢风格的家居中可以大量运用白色，无论背景色还是主角色均适用，再将金色或银色进行点缀使用。需要注意的是，金色和银色的使用应注重质感，最好体现在磨砂处理的材质上，如运用到金属器皿上或体现在家具上。这样的色彩搭配，可以营造出现代时尚的轻奢环境。

繁复雕花装饰线　　　曲线家具

曲线家具　　　　　　繁复雕花装饰线

纤细弯曲的细腿家具　　华丽的水晶吊灯

镀金灯具　　宫廷插花

花纹繁复的镜框　　镀金摆件

繁复雕花装饰线

华丽的水晶吊灯　纤细弯曲的尖腿家具

纤细弯曲的细腿家具　　　雕花装饰线

混材家具　华丽灯具

曲线家具　　　拱门

宫廷插花　　　　　　水晶台灯

精美雕花的壁炉　　　曲线家具

繁复雕花装饰线　人物雕像　精美雕花壁炉

帘头华丽的罗马帘　华丽的水晶吊灯

雕花硬木家具　　　　　曲线家具

曲线家具　　　镀金龙头

纤细弯曲的尖腿家具　　　　黄铜落地灯　　　　　　　　造型精美的装饰镜　雕花硬木家具

华丽精致的灯具　镀金铁艺家具　　　　　　皮毛坐垫　　　　　　　　尖腿家具

精美的饰面板设计，表达追求极致美感的诉求

　　法式轻奢风格常会利用饰面板结合壁纸进行设计，或者在饰面板上叠加金属花线，尽显艺术感和精致情调。另外，如若用整面墙的饰面板，则均带有精美的雕花线条设计；也常见涂刷彩色漆面的墙面饰面板，具有法式轻奢风格追求极致美感的诉求。

镀金铁艺家具　　　　　　皮毛靠枕

人物雕像　　　　金漆雕花家具

曲线家具　　繁复雕花装饰线

华丽的水晶吊灯　　曲线家具

曲线家具　　花纹繁复的镜框

繁复雕花装饰线　　　　宫廷插花

皮毛靠枕　　镀金铁艺家具

宫廷插花　　曲线家具

繁复花纹地毯　　　靠垫　　　　镀金灯具　　　石膏雕像

水晶家具　　曲线家具

曲线家具　　镀金摆件　　华丽灯具　花纹繁复的镜框

法式水晶台灯　　　　镀金铁艺家具　　　华丽的水晶吊灯　　　　　　　　　　　描金漆家具

镀金铁艺家具　　　繁复雕花装饰线

曲线家具　繁复雕花装饰线

繁复雕花装饰线

描金家具　　　　　　曲线家具

繁复雕花装饰线　　雕花硬木家具

繁复雕花装饰线

混材家具　　　　　镀金灯具

花朵纹样的羊毛地毯　　繁复雕花装饰线

纤细弯曲的尖腿家具　　　　石膏雕像

繁复雕花装饰线

线条丰富的装饰线充分凸显出空间层次感

　　装饰线是指在石材、板材的表面或沿着边缘开的一个连续凹槽，用来达到装饰目的或突出连接位置。在法式轻奢风格的家居中，华美装饰线的设计可谓是凸显风格特征的一大法宝。为了接近自然，法式轻奢风格的装饰线常为多变的曲线和涡卷形象，物体边和角都可能是不对称的，变化极为丰富，充分突显出空间层次感。

曲线家具

纤细弯曲的尖腿家具　　繁复雕花装饰线

人物雕像　　　　　　繁复雕花装饰线

纤细弯曲的尖腿家具　　华丽的水晶吊灯

曲线家具

石膏雕像　　　　　　　　　　　　　　羽毛装饰

繁复雕花装饰线　　花纹繁复的镜框

曲线家具　　华丽的水晶吊灯

纤细弯曲的尖腿家具　　花纹繁复的镜框

纤细弯曲的尖腿家具　　铜质灯具

曲线家具 　　　繁复雕花装饰线 　　　繁复雕花装饰线 　　　曲线家具

曲线家具 　繁复雕花装饰线

造型华丽的窗帘 　　　繁复雕花装饰线 　　　曲线家具

镀金铁艺家具　　　　　繁复雕花装饰线　　　　　　　　华丽灯具　　繁复雕花装饰线

繁复雕花装饰线　　　纤细弯曲的尖腿家具

繁复雕花装饰线　　　　　曲线家具　　　　　　　　　宫廷插花　繁复雕花装饰线

布艺织物可为空间增添高雅、富丽之美

法式轻奢风格的塑造离不开精美、华丽的布艺织物。其中，帘头较为华丽的罗马帘，可以为家居增添一分高雅、富丽之美，是营造法式轻奢风格非常有效的装饰物。另外，脚感舒适的羊毛地毯在法式轻奢风格的家居空间中出现频率较高，将空间的品质感展露无余。

皮毛坐垫　　　曲线家具

描金漆家具　　华丽的水晶吊灯

华丽的水晶吊灯　　金漆雕花家具

曲线家具　　　　　　镀金铁艺家具

华丽的水晶吊灯　繁复花纹布艺靠枕　　混材家具　纤细弯曲的尖腿家具

纤细弯曲的尖腿家具　　曲线家具

雕花硬木家具　人物装饰油画

纤细弯曲的尖腿家具　华丽的水晶灯

曲线家具　华丽的水晶灯

大幅人物装饰油画　宫廷插花

华丽的水晶吊灯　花纹繁复的镜框

金漆雕花家具　华丽的水晶吊灯

法式水晶台灯　　　　　曲线家具

帘头华丽的罗马帘　水晶烛台吊灯

华丽的帐幔　　　　　　曲线家具

华丽的帐幔　　　　雕花硬木家具

华丽的帐幔　　曲线家具

雕花硬木家具　　华丽的帐幔

曲线家具　　　　　　花朵纹样的羊毛地毯

纤细弯曲的尖腿家具　　华丽的帐幔

帘头华丽的罗马帘　　　　雕花硬木家具

家具造型优雅，用料精益求精

很多法式轻奢风格的家具表面略带雕花，配合扶手和椅腿的弧形曲度，显得更加优雅。其中，猫脚家具别具一番优雅情怀，是非常典型的法式家具，可令居室满满都是轻奢、浪漫味道。而在用料上，法式轻奢风格的家具大多使用樱桃木，极少使用其他木材。

纤细弯曲的尖腿家具   镀金灯具

镀金铁艺家具   华丽的吊灯

石膏雕像   华丽水晶吊灯

水晶烛台吊灯   纤细弯曲的尖腿家具

曲线家具   镀金铁艺家具

曲线家具   水晶烛台吊灯

纤细弯曲的尖腿家具　　　繁复雕花装饰线

纤细弯曲的尖腿家具　　　帘头华丽的罗马帘

雕花硬木家具　　　猫脚家具

镀金灯具　　　猫脚家具

纤细弯曲的尖腿家具　　　华丽的水晶吊灯

法式复古家具　　　丝绒铁艺家具

雕花硬木家具　　曲线家具

雕花硬木家具　　　　金漆雕花家具

曲线家具　　　　镀金灯具

雕花硬木家具　　纤细弯曲的尖腿家具

猫脚家具　　花朵纹样的羊毛地毯

曲线家具　　　　　金漆雕花家具

镀金烛台　　镀金铁艺家具

雕花硬木家具　华丽的水晶吊灯

花纹繁复的画框　　　猫脚家具

花纹繁复的镜框　纤细弯曲的尖腿家具

镀金复古烛台　纤细弯曲的尖腿家具

雕花硬木家具　　　金漆雕花家具

镀金工艺的灯具为空间营造浪漫美感

由于金色可以为空间塑造出金碧辉煌的视觉效果，因此镀金工艺在法式轻奢风格中十分常见。这种工艺不仅体现在家具、饰品上，也运用在了灯具设计上，镀金工艺的灯架搭配温馨、柔和的灯光，交相辉映，为空间营造浪漫美感。

水晶烛台吊灯　曲线家具

水晶烛台吊灯　铁艺家具

华丽的吊灯　镀金铁艺家具

皮毛坐垫　镀金摆件

铁艺家具　曲线家具

纤细弯曲的尖腿家具　　镀金铁艺家具

水晶烛台吊灯　　　　花纹繁复的镜框　　繁复雕花装饰线　　铁艺家具

皮毛靠枕　　　镀金铁艺家具

丝绒曲线家具　　　　　皮毛靠枕　　　曲线家具　　　　人物雕像

曲线家具　　　　人物雕像

纤细弯曲的尖腿家具　　繁复雕花装饰线

纤细弯曲的尖腿家具　　　　镀金灯具

繁复雕花装饰线　　纤细弯曲的尖腿家具

曲线家具　　华丽的水晶吊灯

曲线家具　　镀金灯具

镀金灯具　　曲线家具

水晶烛台吊灯　　　　　　　　金属装饰线　　　　　　　　法式水晶台灯

花纹繁复的镜框　　　　铁艺灯具

曲线家具　　　　　　　金漆雕花家具

丝绒家具　　　　　　　曲线家具

曲线家具　　　　　　　雕花硬木家具

带有精美花纹的装饰品大幅提升空间质感

　　法式轻奢风格的装饰品多会涂上靓丽的色彩或具有雕琢精美的花纹。这些经过现代工艺雕琢与改进的工艺品，能够体现出法式风格的精美质感。常见的装饰物包括带有繁复花纹的装饰镜，力求凸显高品质的生活，一般多装饰在玄关背景墙及壁炉背景墙，将空间的奢华展现得淋漓尽致；另外，镀金雕花的工艺摆件也是凸显风格的好帮手。

繁复雕花装饰线　　　　　曲线家具

繁复雕花装饰线　花纹繁复的镜框

镀金摆件　　　　　　　曲线家具

花纹繁复的镜框

精美造型装饰镜　华丽的水晶吊灯

丝绒镀金家具　　　　　　　　　　　镀金烛台　　曲线家具

曲线家具　　　　宫廷插花

精美雕花壁炉　　花纹繁复的镜框

镀金铁艺家具　　丝绒曲线家具

人物装饰油画　　　　　　　　曲线家具

法式水晶吊灯　　雕花硬木家具

皮毛坐垫　　　　花纹繁复的镜框

雕花硬木家具　　镀金灯具

花纹繁复的相框　　曲线家具

复古花器　　镀金摆件

雕花家具　　花纹繁复的镜框

家 具

　带有奢华感的金属家具被大量运用，其简洁的线条与空间的融合度较高，而金碧辉煌的色彩则用来诠释简约与奢华并存的理念。

金属家具、创意造型家具、新型材质家具、利落线条家具、大理石家具

材 料

　会大量运用新型环保材料，也会增加现代新型材质的使用，力求给人一种前卫、时尚、不受拘束的空间感。

刨花板、高密度纤维板、钢化玻璃、不锈钢、金属、毛皮

配 色

　不追求跳跃的色彩，空间中常用无色系作为大面积配色，同时也会大量运用到金属色，主要体现在家具、装饰品上。

无色系组合、白色＋金色、白色＋灰色＋宝蓝色、无色系＋棕色系

装 饰

　金色的设计手法，广泛渗透到空间中的各个领域，装饰中也常见金色，体现出低调与奢华并存的视觉感。

毛皮抱枕、大型造型灯具、金漆工艺台灯、镀金漆／金色装饰品、金属摆件、圆形羊毛地毯、探照式落地灯、造型感装饰品

形状图案

　其装饰擅用直线造型，符合现代人对生活品位的追求。

直线条、直角、几何图案、几何结构、方形、弧形

具有大都会既视感的空间特征

现代轻奢风格常体现出一种大都会的既视感，室内空间既注重实用性，强调室内空间宽敞、内外通透，也常常营造出一种不羁、时尚的现代都市感。其装饰擅用直线造型，符合现代人对生活品位的追求，同时注重灯光、细节与饰品。若觉得过于冷静的家居格调显得不够柔和，可以采用一些暗色系或暗浊色系的工艺品进行点缀。

探照式落地灯　　无色系布艺沙发

造型感装饰品　　　　　　　无色系布艺沙发

大型造型灯具　　金色装饰品

带有光泽度的抱枕　　　　　大型造型灯具　　　　无色系布艺沙发

造型感装饰品　　　造型灯具　　　　　　　　造型灯具　　　　　金属家具

大理石家具　　几何图案地毯　　　　　　　金属家具　　　　　金属花器

几何图案地毯　　　造型感装饰品　　　　　创意造型家具　　　　玻璃家具

利落线条家具　　　　大理石地面　　　　　利落线条家具　　造型灯具

金属摆件   大理石地面

金属装饰线   几何图案瓷砖

个性造型花瓶   无色系布艺餐椅

大理石家具   陶瓷工艺品   无色系布艺餐椅   造型灯具

创意装饰画　　　　　新型材质家具

金属摆件　金属家具

大型造型灯具　　　　利落线条家具

无色系布艺床品　　　个性金属灯具

金色装饰品　　利落线条家具

金属台灯　　　　　　创意装饰画

配色冷静、深沉，极少出现对比色

现代轻奢风格的配色常给人一种高级感，除了大面积的无色系，也会出现诸如蓝色、橙色、红色、绿色等浊色调色彩，但基本保证在空间中延续一种搭配色，几乎不会采用对比色。这种配色方式不仅体现在硬装上，也可以体现在软装布艺的配色上。一般窗帘、床品这类占据空间大面积色彩的布艺，均采用无色系的素色。

无色系布艺沙发　　大型造型灯具

创意造型摆件　　　带有光泽度的抱枕

几何图案地毯　　　无色系布艺沙发

金属家具　毛皮盖毯

金色装饰品　　　　玻璃装饰台灯

无色系布艺沙发　金属墙饰

造型灯具　　　金属台灯

带有光泽度的抱枕　　利落线条家具

造型灯具　　创意造型家具

造型灯具　　造型感装饰品

金属家具　　　　　创意造型家具

大型造型灯具　　无色系布艺沙发

创意造型家具　　无色系布艺沙发

创意造型摆件　　　带有光泽度的抱枕

镜面装饰　　　简约线条家具

造型灯具　　　金色装饰品

玻璃花器　简约线条家具

镜面装饰 金属家具

简约线条家具　　玻璃花器

简约线条家具　　创意造型花器

造型灯具　　　　简约线条家具

造型感装饰品　　　金属家具

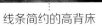

线条简约的高背床　　创意装饰画

线条简约的高背床　　　素色窗帘

造型灯具　　　　创意装饰画

简约线条家具　　　金属家具

金属家具　　　　造型灯具

装饰材料力求凸显空间的理性基调

　　大理石材质是营造现代轻奢风格必不可少的装饰材料，常会运用到整面墙的设计中或地面的铺装上，给人带来强烈的视觉冲击，以及营造出一种自带理性基调的空间氛围。另外，诸如金属、镜面等凸显现代感的材质，在现代轻奢风格中均十分常见。例如，墙面和家具中常采用金属线条装饰，形成一种金碧辉煌的视觉感。

造型灯具　　　创意造型家具

皮质沙发　　　　大型造型灯具

玻璃装饰　　　　　简约线条家具

创意造型家具　　　无色系布艺沙发

新型材质家具　　带有光泽度的抱枕　　　带有光泽度的抱枕　　　无色系布艺沙发

造型灯具　　无色系布艺沙发

无色系布艺沙发　　几何图案地毯

大理石家具　　造型灯具

创意装饰画　金属家具

金属家具　　简约线条家具

金属家具　　造型灯具

玻璃饰面　　　造型灯具

造型灯具　　　大理石铺贴　　　个性造型摆件　　　毛皮盖毯

金属色装饰画　　毛皮盖毯

透光金属吊灯　　　　毛皮地毯　　　　大型造型灯具　　　几何图案地毯

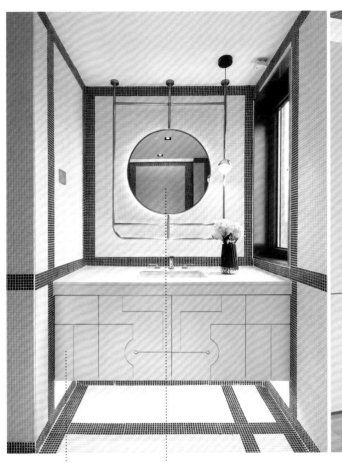

简约线条家具　　造型装饰镜

大型造型灯具　　金属花器

新型材质家具　　创意装饰画

造型装饰镜

金属家具　　造型装饰镜

利用抱枕色彩和材质，改变沙发的刻板印象

一般现代轻奢风格中的沙发多采用灰暗或素雅色彩，因此抱枕的选择应力求做到缓解沙发刻板印象的效果，色彩和材质均可以多样化一些，但不要过多。如抱枕色彩比沙发本身颜色亮一点即可；材质则可以广泛扩展到毛皮、绸缎等。

金色装饰品　　　　无色系布艺沙发

造型感装饰品　无色系布艺沙发

透光金属吊灯　　　　无色系布艺沙发

无色系布艺沙发　　金色装饰品　　　造型灯具

创意装饰画　　　　　　金属家具　　　　　无色系布艺沙发　　金色装饰品

带有光泽度的抱枕　创意装饰画　　　　　　玻璃装饰　　　金属家具

金属家具　　　　　创意装饰画　　　　　造型灯具　　　　　无色系布艺沙发

造型灯具　　　　　无色系布艺沙发　　　　创意装饰画　　新型材质家具

创意造型家具　　　　　　金属家具　　　大型造型灯具

创意造型家具　　　　造型灯具

造型感装饰品　　　　　　　无色系布艺沙发

无色系布艺沙发　　毛皮抱枕

造型灯具　　无色系布艺沙发

带有光泽度的抱枕　　简约线条家具　　具有造型感的装饰品　　圆形羊毛地毯

造型灯具　　　　　　线条简约的高背床　　金色装饰品　　　　　　素色窗帘

造型灯具　无色系布艺沙发　　几何图案床品　　线条简约的高背床

创意造型家具　　　　　丝绒家具　　抽象装饰画　线条简约的高背床

线条简洁的金属家具诠释简约与奢华并存的理念

现代轻奢风格由现代风格演化而来，因此家具之中常会出现金属材质，例如座椅、茶几等装饰性较强的家具，往往不乏金属材质的点缀。另外，家具的造型线条往往十分简洁，与空间的融合度较高，而金碧辉煌的色彩则用来诠释简约与奢华并存的理念。

金属家具　　　　　　　　　　　新型材质家具

金属家具　　　大型造型灯具

金属家具　　　无色系布艺沙发

带有光泽度的抱枕　　造型灯具　　无色系布艺沙发　　　　创意造型家具

金属家具　　　　丝绒沙发　　　　　　　创意造型家具　　　素色窗帘

无色系布艺沙发　金属家具　　　　　　　简约线条家具　造型灯具

金属家具　　　　　　　造型灯具

几何图案地毯　　　　　无色系布艺沙发　　　造型灯具　　　　创意造型家具

造型灯具　　　　金属家具　　　　　素色窗帘　　　　造型灯具

造型灯具　　　　创意造型家具　　　　金属家具　　　　几何图案地毯

创意造型家具　创意装饰画

直线条家具　　　　金属家具

具有造型感的装饰品　创意造型家具

素色窗帘　　　金属家具

金属家具　　　创意造型家具

具有造型感的装饰品　　　金属家具

具有造型感的装饰品　　　　金属摆件

大理石家具可营造出冷静的空间氛围

　　大理石除了运用在墙面和地面的设计之中，在现代轻奢风格的家具中也较为常见。其色泽自然，花纹多样，摆放在家居中具有很好地装饰效果。另外，其材质会给人带来一种冷制、沁凉的感受，与现代轻奢风格追求冷静空间的理念一致。在现代轻奢风格中，常见大理石桌面和金属框架相结合的家具，既沉稳，又不失低调的奢华。

大理石家具　　　　　几何图案地毯

金属家具　　　　创意装饰画

金属家具　　　　皮质沙发

不锈钢台灯　　　　无色系布艺沙发　　　　创意造型家具　　带有光泽度的抱枕

大理石家具　　　　素色窗帘

造型灯具　　　　无色系布艺沙发

金属家具　　　　毛皮盖毯

皮质沙发　简约线条家具

简约线条家具　创意造型家具

皮质沙发

金属台灯　　　　大理石家具

造型灯具　金属家具

造型灯具　　　　金属家具　　　　　　　　　　　简约线条家具

几何图案地毯　　无色系布艺沙发

带有光泽度的抱枕　　　　大理石家具

无色系布艺沙发　　　　金色装饰品

简约线条家具　　　　造型灯具

大理石家具

大理石家具　造型灯具

创意造型家具　　　　　几何图案地毯

简约线条家具　造型灯具

大理石家具　　　　造型灯具　　　　造型灯具　玻璃花器

新型材质家具给人一种前卫、时尚感

　　现代轻奢风格在家具上还往往追求材质的创新，会大量运用到新型环保材料，如刨花板、高密度纤维板等；也会增加钢化玻璃、不锈钢等现代新型材质的使用，力求给人一种前卫、时尚，不受拘束的空间感。

金色装饰品　　无色系布艺沙发

新型材质家具　无色系布艺沙发

毛皮座椅　　　　　　　创意装饰画

创意装饰画　　创意造型家具

造型灯具　　　无色系布艺沙发

蛋椅　　　创意造型家具

新型材质家具　带有光泽度的抱枕　　　　大型造型灯具　金属家具

素色窗帘　　　　金漆工艺台灯　　　　无色系布艺沙发　　金色装饰品

丝绒沙发　　　　玻璃家具

新型材质家具　　无色系布艺沙发　　　　大型造型灯具　　　金属组合家具

简约线条家具　金色花器

新型材质家具　　　　皮质家具

创意造型家具　　　造型灯具

造型感装饰品　　　简约线条家具

造型灯具　简约线条家具

创意造型家具　　　新型材质家具

几何图案地毯　　　创意造型家具

圆形羊毛地毯　　　　　　创意造型家具　　　　　　具有造型感的装饰品　　　　　创意造型家具

创意造型家具　　　　　　毛皮地毯　　　　　　　　简约线条家具　　　　金色装饰品

镀金漆灯具体现低调与奢华并存的视觉感

现代轻奢风格擅用金色的设计手法，广泛渗透到空间中的各个领域，如灯具也常见镀金漆工艺。这种灯具的灯座为金色，灯罩色彩则大多为黑白两色，依然体现出低调与奢华并存的视觉感。另外，其灯光大多柔和，且偏暖色，为整体素雅的居室降低冰冷感。

透光金属台灯　　　玻璃装饰

造型灯具　黄铜花器

金属家具　　　造型灯具

创意装饰画　　　造型灯具

造型灯具　金色烛台

造型灯具　　　　金色装饰品

造型灯具　　　　无色系餐椅

金属灯具　　无色系餐椅

造型灯具　　　　金属酒架

无色系餐椅　　　　造型灯具

透光金属吊灯　　　　　　几何图案抱枕

毛皮盖毯　　　　　透光金属台灯

透光金属台灯　　带有光泽度的抱枕

丝绒抱枕　　　　透光金属台灯

透光金属台灯　　带有光泽度的抱枕

装饰品　　　　造型灯具

带有光泽度的抱枕　　透光金属台灯

毛皮盖毯　　　　透光金属台灯

造型灯具　　　　抽象装饰画　　　　几何图案窗帘　　　　金属灯具

金属家具　　　　造型灯具

大理石家具　　　　造型灯具　　　　金属花器　　　　造型灯具

工艺品的选用力求挣脱束缚，体现创新

现代轻奢风格中的装饰品图案可以带有超现实主义的色彩，凸显室内风格的与众不同。工艺品材质上依然多见玻璃、金属，与整体空间中家具、细节之处的材质选用形成呼应。除了小型工艺品，现代轻奢风格还会将体量较大的工艺品直接放置在空间角落，力求表达风格设计对于创新、脱俗的追求。

造型感装饰品　　　素色窗帘

无色系布艺沙发　　创意装饰画

素色窗帘　　　造型感装饰品

金色果盘　　创意装饰品　　　　金属家具

造型灯具　　　　　　　玻璃装饰　　　　　　造型灯具　　　　　　　线条简约的高背床

无色系布艺沙发　　　玻璃装饰

金属家具　　　　　　装饰品　　　　　　　金色装饰品　　　　　　新型材质家具

装饰品　　　　　　　几何图案地毯

金属摆件　　　造型灯具

金属家具　　　黄铜镜面装饰

造型灯具　　装饰品

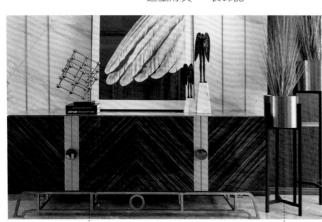

金色装饰品　　　　　金属花器

造型灯具　　　　　　玻璃装饰